观察者和光反射

Peter D. Geldart

RASC 会员

由谷歌翻译从英语翻译而来

Google Translate

观察者和光反射
Peter D. Geldart
RASC 会员
geldartp@gmail.com

约 3,500 字（English）
4 英寸 x 6 英寸
32 页

由谷歌翻译从英文翻译而来 Google Translate

2025
Petra Books, MBO Coworking
78 George St., Suite 204
Ottawa ON Canada K1N 5W1

封面：一轮凸月照耀安大略湖。2013 年 8 月 18 日凌晨
4:30，从加拿大安大略省爱德华王子县向西南望去。已裁剪。
（作者照片）P. Geldart

精简版首次发表于：《Reflector》，第76卷，第3期，第11页
，2024年6月，《天文学联盟》
和 《业余天文学杂志》，第123期，第48页，2024年。

A shortened version was first published in:
Reflector, v76, n3, p11, 06 / 2024, The Astronomical
League
and
Amateur Astronomy Magazine, issue 123, p48, 2024.

抽象的

我们普遍存在的条件之一是沉浸在辐射之中，但我们所看到的景象受限于视觉光谱，灵敏度约为十分之一秒，并且受我们的位置所限。这些限制并非限制，而是为我们提供了一个框架，让我们能够在其中探索、审视和思考世界。作者探讨了月光照射水面和阳光照射雪面这些习以为常的现象，以此来表明我们的位置至关重要：当我们移动时，明亮的镜面反射会在漫反射的背景之上跟随我们。

Geldart

介绍

我感兴趣的是思考我们周围的光，以及我的位置如何决定我所见的一切。我并不太关心微观物理学或心理学，而是我与物质世界的联系：我通过时时刻刻的光线碎片感知周围的环境，这些光线串联成一个连续体，我基于经验、直觉和理性来理解它。1. 随着我的移动，我的视角也随之改变，改变了我对明亮或阴影表面以及物体重叠的感知。在全知全能者可能感知到的所有电磁辐射中，我们只能看到其中的一部分。但这种主观视角提供了一种清晰度，使我们能够辨别形状、远景和星辰。它使我们能够进行科学和哲学研究（不得不说，这仅仅是在过去四千年左右的时间里）。这让我想起了卡尔·萨根的小说《接触》。Carl Sagan 2

---

1 如果没有经验，婴儿就无法理解周围的视觉环境，就像刚到达陌生星球（甚至是月球）的宇航员一样，很难判断形状和距离。

2《接触》是卡尔·萨根的小说。纽约：西蒙与舒斯特出版社。（1985年）https://en.wikipedia.org/wiki/Carl_Sagan

换句话说，一个先进的外星人告诉人类，他们是一个有趣的物种，但需要几百万年才能成熟。

这篇文章是我试图从广义上理解观察者视角的一部分。透过我眼睛的曲面晶状体，我看到了能够直接到达我或穿过我周边视野的光线，而这只是在环境中不断反射和再反射的光线的一部分。

这是一种广泛的辐射混合，涉及数万亿个光子和电子的相互作用。 .3

---

3 穿透大气层的主要是可见光（约400-700纳米）， 以及一些波长更长的红外、微波和无线电波。我们的眼睛进化到能够利用所谓的视觉光谱，因为它足以维持生存。
http://hyperphysics.phy-astr.gsu.edu/hbase/emsl.html

"光子"或"电子"只是方便的表达方式；"把一块石头扔进平静的水面：水的粒子只是上升然后下降。以光速传播的是电磁源的扰动（由虚粒子引起的振幅和频率的波动激发），而不是光子。"——罗德尼·巴特利特， 澳大利亚国立大学。
https://core.ac.uk/download/pdf/186330043.pdf#page=6

然而，我能够看到不同速度和距离的离散边缘和复杂运动，更不用说微妙的色调和纹理，以及借助仪器，还能看到月球表面的细节和遥远的天文现象。

所有这些都提出了一个存在主义的问题。我们进化为拥有智慧视力的生物，生活在一个经常昼夜晴空的星球上，这或许是多种因素罕见的结合，使我们能够追求外向的科学和哲学，我的意思是，它能够涵盖地球和宇宙的大部分内容——可以想象，这与生活在被笼罩的水生或气生星球上的智慧生物形成了鲜明对比。

我将以月光照射水面和阳光照射雪面为例，来思考：

- 自然界中光反射的物理学原理

以及

- 观察者位置的重要性。

图1. 一轮凸月闪耀在安大略湖上。2013年8月18日凌晨4:30
，从加拿大安大略省爱德华王子县向西南望去。作者拍摄）
P.Geldart

水上月光

想象一下，你站在一片大湖的湖岸上，向南望去（我当时在北半球），却看不到远处的海岸。月亮大约在半空中，在水面上投射出一条波光粼粼的线条，清晰地位于观者的中心（图1）。

在月亮下方，这条线的倒影密度较大，一直延伸到地平线，边缘逐渐变薄，直到只剩下漆黑的水面。有些光点会瞬间比其他光点更亮，每隔几秒钟，周围的水面上就会出现一道遥远的闪烁。这条波光粼粼的带状光带是由水分子在特定时刻排列方式相似，使得入射到原子上的光线会向我的方向发出。更准确地说，我看到的是那些向我的方向发射光子的原子发出的光，而这些光子随后会被其他原子所取代。

水面上波光粼粼的月光是多次层叠反射的结果。费曼（1963）使用了"所有强度之和"这一短语：

"光源中首先发生的情况是，一个原子辐射，然后另一个原子辐射，如此循环往复。

我们刚才看到，原子辐射的波列仅持续约 10^-8秒（10纳秒；此后）可能某个原子占据了主导地位，然后另一个原子又占据了主导地位，如此循环往复……当然，我们的眼睛平均时间只有十分之一秒，根本无法看到两个不同普通光源之间的干涉……因此，在很多情况下，我们看不到干涉效应，而只能看到一个等于所有强度之和的集体总强度。"

（费曼，第一卷，32-4）

这就解释了为什么我看到的是沿着一条线延伸到地平线（距离约为5公里）的闪烁点。如果我向侧面走100米，就会进入一片区域，那里从另一片水域以相似角度射出的光线再次将月光带传送到我的眼前。闪烁的光线一直跟随我。由于水分子不断波动，因此有很多原子可能时时刻刻都在向我发送光子。在远处，这条线与月亮下方地平线上的方位点相连，然后与岸边的我相连。（我暂时可以认为月亮是固定的，尽管它正向东公转，而我位于自转速度相对较快的地球上）。对于另一个观察者，例如在我身边1公里的地方，月光带将直射向他们。无论他们身在何处，

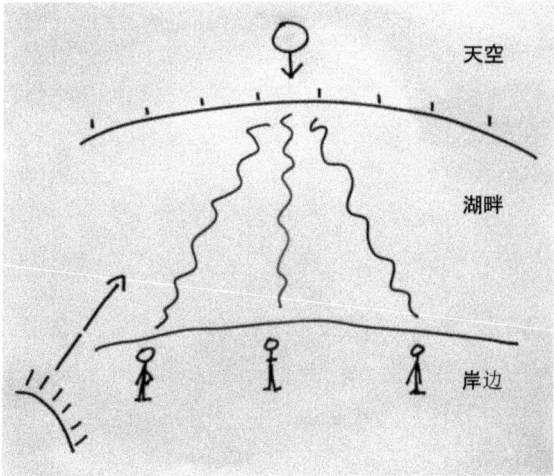

图2. 月球光线大致平行地照射在地球的夜晚一侧和整个湖泊上。观测者各自看到自己朝向月球的明亮路径，正如图1所示。（作者的草图）。P.Geldart

沿着海滩的观察者都会看到类似的景象（图2），这意味着整个水面一定反射着每个每个观察者都会看到更亮的光。

想象一下，在一片绵延公里的海滩上，每隔 10 米设置一个柱子，柱子上安装一台面向湖面的相机。检查所有照片后发现，湖面大部分区域都闪耀着月光的光芒。相机的快门速度约为 1/100 秒，比费曼所说的

1/100,000,000 秒长一百万倍，因此相机在这段时间内接收到了大量的光子。图像将类似于人眼所见：水面上一条闪亮的条纹。如果我们能以 10 纳秒的快门速度记录这个场景，那么只有少数光子可以通过，只有来自湖面原子的光子才能在那一刻排列整齐，向相机发射光线，而且只能捕捉到场景的一个"瞬间"。那么，记录的图像将只能显示水面上少数几个闪闪发光的点，而不是一条连贯的线——类似于雪原上的雪晶。

什么是反射？

我们的自然环境几乎完全被反射的阳光照亮，尽管"反射"这个词有些过于简单（但我还是会用这个词）。我们看到的是光子和电子之间数万亿次相互作用的结果。这属于量子电动力学（QED）的领域，"QED 是描述光子与带电粒子（尤其是电子）相互作用的理论。"（Stetz，2007）

根据费曼（1963，1979）和其他该领域的学者的说法，光波撞击表面，将能量传递给材料中的电子，导致电子"抖动"并发射出新的光子。Richard Feynman 4.

4　"一束辐射照射到一个原子上，导致原子中的电荷（电子）移动。移动的电子又向各个方向辐射。"——理查德·费曼，《费曼物理学讲义 1961-1963》，第一卷，图 32-2。Richard Feynman, The Feynman Lectures on Physics https://www.feynmanlectures.caltech.edu/I_32.html
"原子物体（电子、质子、中子、光子等等）的量子行为都是一样的，它们都是'粒子波'。"——理查德·费曼，《费曼物理学讲义 1961-1963》，第三卷，1-1。
https://www.feynmanlectures.caltech.edu/III_01.html

Steinhardt （2004）

给出了光的定义："理解光的最佳方式是将其视为一种波，它只能以量子形式发射或吸收，但在两者之间，它是一种波。它像波一样运动，像波一样衍射，像波一样弯曲，也像波一样发生干涉。但它的发射和吸收并非像波一样，而是像粒子一样。这就是量子力学中著名的'波粒二象性'。"（Steinhardt，2004，第13页）

　可以说，光照射原子会促使电子移动到围绕原子核的更高轨道。（图3）原子现在处于不稳定状态，在某个随机时刻，电子会下降到更低的轨道并发射出一个光子（Polkinghorne，2002），或者附近的自由电子会立即"填补空穴"，产生类似的结果。

　斯涅尔定律 5 指出光的发射角必须等于入射角。

---

5 **Willebrord Snellius** 威勒布罗德·斯内利厄斯（1580-1626），荷兰天文学家，其著作受到古代哲学家的启发，并影响了笛卡尔、费马、惠更斯、麦克斯韦等人。斯内尔定律定义了光穿过不同介质时入射角与折射角之间的关系。https://en.wikipedia.org/wiki/Snell's_law

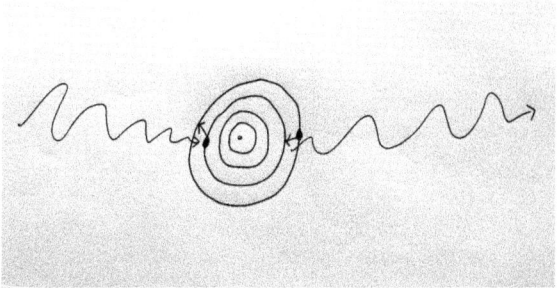

图3. 光在表面的反射可以描述如下：一个光子（L）撞击物体表面的一个原子，激发一个电子向更高的"轨道"运动。当该轨道变得不稳定时，一个电子会下降到较低的轨道，或者另一个电子会填补这个空缺，从而产生一个光子（R）。作者草图）P.Geldart

这是基于卢瑟福在 20 世纪初开发的"行星"模型的描述 6 和玻尔 7.

---

6 **Ernest Ruthertord** 欧内斯特·卢瑟福（1871-1937），新西兰出生的物理学家，曾在麦吉尔大学、曼彻斯特大学和剑桥大学工作。
https://www.nobelprize.org/prizes/chemistry/1908/rutherford/biographical

7 **Niels Bohr** 尼尔斯·玻尔（1885-1962），丹麦物理学家，曾在曼彻斯特与卢瑟福共事，并在哥本哈根大学任教。
https://www.nobelprize.org/prizes/physics/1922/bohr/biographical

然而，后来出现的模型认为电子存在于原子核周围的概率云中，电子在云中的位置是不确定的，"……就像蜜蜂在蜂巢周围嗡嗡作响，但移动得太快而看不清。" 8

---

8 菲利普·鲍尔（1962-），《几何原本：非常简短的介绍》（第78页）。牛津：牛津大学出版社。
  https://en.wikipedia.org/wiki/Philip_Ball

漫反射和镜面反射

在自然环境中，漫反射大多呈现出我们周围的色彩和微妙的阴影，而偶尔我们也会看到白色的镜面反射：水面上波光粼粼的太阳或月亮，或是蜘蛛网或光滑岩石上的闪光。当然，在人类世时期，室内外人造物体上也存在大量镜面反射的例子。

想象一下，从湖面高空鸟瞰，回望海滩，身后是低垂的太阳。光线均匀地照射在地球表面和湖面上。由于光线以低角度照射水面，可以说它导致电子更有可能向前朝向海滩发射光子，而不是其他方向。从岸边的任何地方看去，大部分水面看起来都是蓝绿色（天空和周围环境的漫反射），但朝向太阳的一条线除外，这条线会呈现出惊人的白色（镜面反射）。散射的蓝绿色光和闪烁的光线同时从同一片水面发射给不同的观察者。或者换句话说，一个人看到一条闪闪发光的线，另一个人（假设在100米外）看到的是"正常"的漫射蓝绿色水面，而他们可能在其他地方也看到自己这条闪闪发光的线。关键在于，观察者被迫看到一条从他们自身延伸到太阳的水面上的镜面反射线。

我正坐在湖面上的一艘小船上，望向低垂的太阳（图4）。我看到一条闪闪发光的水线指向太阳；从我的角度来看，这些原子阵列一定或多或少是水平的。我还会看到偶尔在我身侧闪烁，有时在我身后闪烁，这些闪烁的原子会瞬间将光线射入我的眼睛。

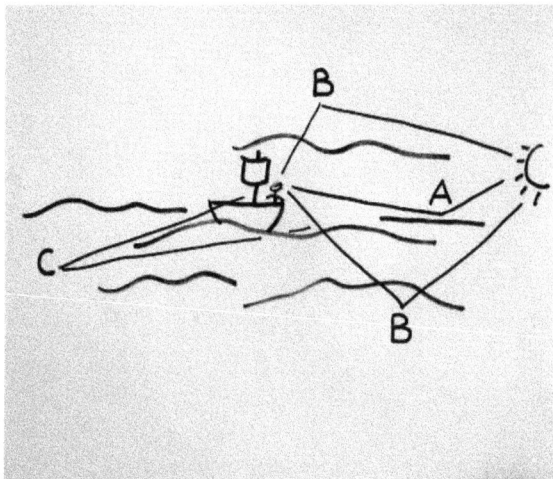

图 4. 太阳在正前方（右），我看到（A）处有一条镜面光线与光源对齐，偶尔还会有来自侧面（B）的闪光，有时还会有来自后方（C）的闪光。（作者的草图）。P.Geldart

阳光照耀雪地

雪地上也会出现镜面反射。面对太阳，我看见无数微小的闪光散布在雪地上，在10平方米的面积上可能有上千个。它们随着我的移动而消失又重新出现。这非常精确：如果我尽量少移动头部（而不是眼睛），亮点的图案就会发生变化，不是靠近相邻区域，而是移向雪地的其他地方。当我面向太阳时，闪光比侧方或后方更多，在侧方或后方，我看到的闪光数量大约只有侧方的一半。入射的阳光（包括来自周围环境的反射光）激发了整个雪地表面原子内的电子，使其以漫射方式发射出雪色的波长。同时，这个过程诱导原子发射全光谱的明亮白光，而这些原子恰好以某个角度发射光子，而只有当我与雪晶处于特定位置时，我才能看到这个角度。通常，白光会分解，呈现出不同的颜色。附近的其他观察者可以看到雪地上不同图案的亮点。

在雪地上，我能在大约十米远的地方看到这些镜面效果，而月光照射在水面上时，范围则可达几公里。水面上闪亮的条纹会随着我不断移动，因为水面上有大量的水分子，它们能够以连贯的方式将光线反射到我身上。原子之间相互碰撞，总有一个原子会取代一个刚刚将光线射入我眼中、现在不再发出光线的原子。它们承担了雪晶的角色，或者换句话说，雪原就像水面上闪光的冰冻纳秒。

《观察家报》的观点

还有其他场景也凸显了观察的主观性。在北方地区的冬日里，光秃秃的落叶树在雪地上投下长长的阴影，当我面向太阳时，这些阴影向左右两侧散开（图5）。我转过身，太阳在我身后，我看到树木的长影延伸到我正前方地平线上的一个消失点。这肯定是一种错觉，因为在垂直航拍照片中，树丛的阴影是平行的。然而，我所站立的地面却给我一种感觉，我仿佛置身于一个巨大镜头的中心。

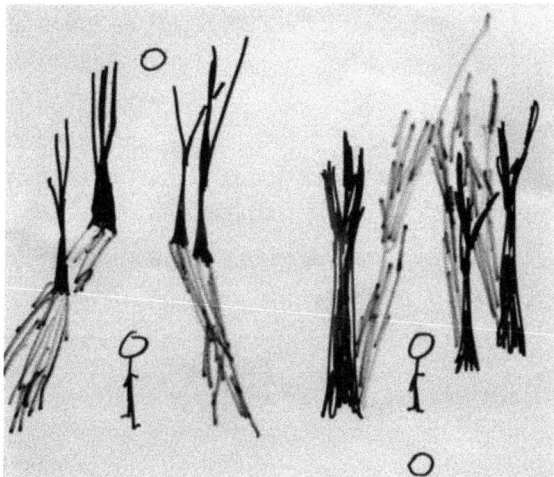

图5. 当我面向太阳时（左图），树影向我的身体两侧散开；
当我转身看向另一边时（右图），树影汇聚到地平线上的一个
个消失点。（作者的草图）。P.Geldart

另一个与雪地闪光类似的示例是，当我沿着沥青路迎着太阳行走时，我看到路面大约10%的区域是闪光点（图案会随着我的移动而变化），其余区域则是弥漫的暗黑色。我们将道路的黑色解读为其固有颜色，而当我们看到闪光点时，我们会将其解读为来自远处（即来自太阳）的光。 9, 尽管所有光子都源自沥青的原子。

再说一次：在一条小溪旁，我看到了倒映在水中的太阳光，这个影像随着我的移动而移动，就像湖面上光带的浓缩版。我可以走很多公里（如果那是一条笔直的长溪），我都能看到我身边的同一个光带。

回到海滩，我一边走一边进入一些被漫反射和再反射光线照射得略有不同的区域（海湾的岸边、远处的树木、水面、天空）。我现在所在位置的光线与我之前所在位置的光线略有不同。当我漫步时，我将踏入成千上

---

9 **Ludwig Wittgenstein** 路德维希·维特根斯坦（1889-1951）在其1950-1951年的笔记中提到了这一点："如果印象被视为透明的，我们所看到的白色就不会被解读为物体本身是白色的。" 摘自G.E.M. Anscombe主编的《论色彩》（第35页，第140条）。牛津：Basil Blackwell 出版社（1977年）。https://en.wikipedia.org/wiki/Remarks_on_Colour

万个场景。让水面上闪闪发光的线条与停泊在岸边的小船重叠。当我沿着海滩前进 100 米时，船当然还在原地，但现在它已经不再受到随着我一起移动的镜面反射的影响，而且我面前的整个场景的光线也发生了微妙的变化：没有"固定"的辐射背景，只有物体、表面、水和大气的固定物理世界。

图 6. « Un Missionnaire du Moyen Âge raconte qu'il avait trouvé le point où le ciel et la Terre se touchent… » ［原文中的省略号］Camille Flammarion 所著 L'atmosphère météorologie populaire 中的插图。第 163 页。巴黎：阿歇特图书馆等。（1888）。在线 https://archive.org/details/McGillLibrary-125043-2586/page/n175 以及公共领域 https://commons.wikimedia.org/wiki/ File: Flammarion.jpg

结论

我讨论过光反射的一些物理原理，发现光不会从物体上"反弹"，而是会被物质的原子吸收，并发出新的光。我的位置至关重要：镜面反射与光源对齐，并跟随我移动到漫反射背景之上。不同的观察者会同时看到来自同一原子的镜面反射和漫反射。这怎么可能呢？量子力学或许能提供一些答案，但就像所有范式一样，它终有一天会被取代。这让我想起了牛顿的鹅卵石 10 以及弗拉马利翁的版画（图6），这些寓言暗示着我们永远有更多东西需要去探索。

本文中的例子——它们也可能是照在水面上的阳光或照在雪地上的月光——表明我们每个人都处在一个视觉和心理的泡沫之中，通过经验，我们学会了与之共存，并能够非

---

10 Isaac Newton "我仿佛只是个在海边玩耍的男孩，不时地寻找比平常更光滑的鹅卵石或更漂亮的贝壳，而浩瀚的真理之海却依然隐藏在我面前，等待着我去发现。"——艾萨克·牛顿（1642-1727），剑桥大学菲茨威廉博物馆。
https://fitzmuseum.cam.ac.uk/objects-and-artworks/highlights/context/stories-and-histories/sir-isaac-newton

常灵巧地感知我们不断变化的环境和遥远的远景。促成这一点的因素是，我们只能时时刻刻地看到一丝丝的光亮，这个框架使我们能够审视和思考这个世界。